BEI GRIN MACHT SICH IHR WISSEN BEZAHLT

- Wir veröffentlichen Ihre Hausarbeit, Bachelor- und Masterarbeit

- Ihr eigenes eBook und Buch - weltweit in allen wichtigen Shops

- Verdienen Sie an jedem Verkauf

Jetzt bei www.GRIN.com hochladen und kostenlos publizieren

Induktion – Physikalisches Phänomen und technische Anwendungen

Arne Fröning

Bibliografische Information der Deutschen Nationalbibliothek:

Die Deutsche Nationalbibliothek verzeichnet diese Publikation in der Deutschen Nationalbibliografie; detaillierte bibliografische Daten sind im Internet über http://dnb.d-nb.de abrufbar.

ISBN: 9783346671400
Dieses Buch ist auch als E-Book erhältlich.

© GRIN Publishing GmbH
Nymphenburger Straße 86
80636 München

Alle Rechte vorbehalten

Druck und Bindung: Books on Demand GmbH, Norderstedt Germany
Gedruckt auf säurefreiem Papier aus verantwortungsvollen Quellen

Das vorliegende Werk wurde sorgfältig erarbeitet. Dennoch übernehmen Autoren und Verlag für die Richtigkeit von Angaben, Hinweisen, Links und Ratschlägen sowie eventuelle Druckfehler keine Haftung.

Das Buch bei GRIN: https://www.grin.com/document/1244921

Hochschule Fresenius

Fachbereich onlineplus

Studiengang: Wirtschaftsingenieurwesen Engineering und Automatisierung
(M.Eng.)

Hausarbeit

MAGNETISMUS

Induktion – Physikalisches Phänomen und technische Anwendungen

Arne Fröning

Modul: Automatisierung 1 – Ingenieurmathematische und naturwissenschaftliche
Grundlagen

Abgabedatum: 03.01.2022

Inhalt

Abbildungsverzeichnis

1 Einleitung

1.1 Hintergrund und Motivation

Magnetische Felder dienten den Menschen schon im Mittelalter. Das Magnetfeld der Erde half Seeleuten in Europa ab dem 12. Jahrhundert mithilfe eines Kompasses zu navigieren. Im Jahre 1831 schaffte es dann Michael Faraday, die Funktion eines Elektromagneten (Strom erzeugt Magnetfeld) umzukehren (Magnetfeld erzeugt Strom), indem er einen Eisenring auf der einen Seite mit drei Wicklungen und auf der anderen Seite mit zwei Wicklungen aus voneinander isoliertem Kupferdraht umwickelte. An einer Seite verlängerte er eine der Wicklungen mit einem Kupferdraht zu einer Magnetnadel, die andere Seite verband er mit einer Batterie. Schloss er nun den Stromkreis, bewegte sich die Magnetnadel, öffnete er diesen wieder, bewegte sie sich wieder in ihre Ruhelage. Mit diesem Versuch entdeckte Faraday die elektromagnetische Induktion – er wand dabei das Prinzip des Transformators an, welches auf den Seiten 7 und 8 dieser Arbeit erläutert wird.

Durch die Induktion erhält das Magnetfeld große praktische Bedeutung, denn durch sie kann auf einem äußerst wirtschaftlichem Wege mechanische Energie in elektrische Energie und umgekehrt umgewandelt werden – die Basis für Generatoren und Elektromotoren aller Art (Harriehausen & Schwarzenau, 2020, S. 268).

Es wird deutlich: elektromagnetische Induktion ist aus unserem Alltag nicht mehr wegzudenken.

Diese Arbeit hat das Ziel, zu beschreiben, was man unter elektromagnetischer Induktion versteht und wie sie entsteht. Hierzu werden die physikalischen Grundlagen der elektromagnetischen Induktion anhand von zwei Versuchen und einer kurzen Beschreibung der Funktionsweise eines Transformators und eines Elektromagneten beschrieben.

Anschließend wird das Prinzip der elektromagnetischen Induktion anhand zweier Praxisbeispiele – dem Induktionsherd und der Verkehrsregelung mittels Schranken – verdeutlicht.

1.2 Aufbau der Arbeit

Diese Arbeit beginnt mit den definitorischen Grundlagen von elektrischen und magnetischen Feldern im Allgemeinen.

Darauf aufbauend führt Kap. 3 im Anschluss zu einer physikalischen Erläuterung der elektromagnetischen Induktion, welche in Kap. 4 durch die Beschreibung von zwei Anwendungsbeispielen veranschaulicht wird.

Kap. 5 schließt diese Arbeit mit einer Zusammenfassung ab.

2 Elektrische und magnetische Felder

2.1 Elektrische Felder

Elektrische Ladungen üben anziehende oder abstoßende Kräfte aufeinander aus - verschiedene Ladungen (positive und negative) ziehen sich an, gleiche Ladungen stoßen sich ab. Diese Kraft $\vec{F}_C$ wird Coulomb-Kraft genannt und in A • s gemessen.

Eine elektrische Ladung Q wirkt nicht nur auf eine andere elektrische Ladung, sondern auch auf ihre Umgebung. So entsteht durch eine positive Ladung ein elektrisches Feld, welches von der positiven Ladung weg zeigt und durch eine negative Ladung ein elektrisches Feld, welches auf die elektrische Ladung hin zeigt.

Elektrische Felder, deren Ursache elektrische Ladungen sind, werden als elektrische Potenzialfelder bezeichnet. Diese sind abzugrenzen von den elektrischen Wirbelfeldern, welche durch eine Änderungen des magnetisches Flusses hervorgerufen werden (Harriehausen & Schwarzenau, 2020, S. 158) – hierauf geht diese Arbeit in Kap. 3 näher ein. In der Physik wird der Begriff der Felder stets dann verwendet, wenn eine Größe im Hinblick auf ihre Verteilung in einem Raum betrachtet wird. Die Darstellung kann dann z.B. anhand von Feldlinien vorgenommen werden. Betrachtet man eine Strommenge Q, welche durch einen Leiter mit einem verjüngten Querschnitt fließen muss, so würde ließe sich dies folgendermaßen darstellen:

Abbildung 1: Strommenge Q in einem verjüngten Leiter

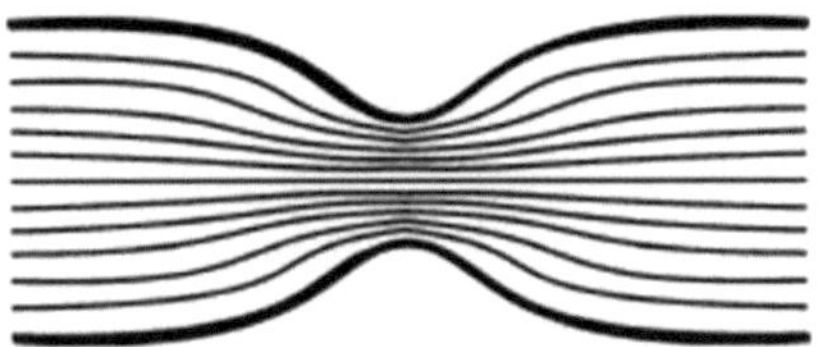

Quelle: Busch, 2015, S. 3

Es ist ersichtlich, dass die Dichte der Feldlinien an der Engstelle deutlich größer ist als daneben. Der Abstand der Feldlinien zueinander ist ein Maß für die Stromdichte, ausreichend weit links und rechts von der Verjüngung spricht man von einem homogenen Feld (da der Abstand der Feldlinien zueinander konstant ist), zur Verjüngung hin wird das Feld inhomogen, da sich der Abstand der Feldlinien zueinander ändert (Busch, 2015, S. 4).

Es gilt (Harten, 2014, S. 200):

„Eine elektrische Ladung ist von einem elektrischen Feld umgeben.

Ein elektrisches Feld $\vec{E}$ ist ein Raumzustand, in dem auf eine zweite elektrische Ladung (Q) eine Coulomb-Kraft ($\vec{F}_C$) ausgeübt wird):

$$\vec{F}_C = Q \cdot \vec{E}$$

Die Einheit der elektrischen Feldstärke $\vec{E}$ sind V/m.

2.2 Magnetische Felder

Ähnlich der zwei unterschiedlichen elektrischen Ladungen gibt es zwei Formen von magnetischen Polen – den Nordpol und den Südpol. Wie das elektrische Feld kann auch das magnetische Feld mithilfe von Feldlinien dargestellt werden, diese verlaufen immer von Nord nach Süd (Harten, 2014, S. 226). Analog zur elektrischen Feldstärke $\vec{E}$ gibt es somit auch eine magnetische Feldstärke, hier „magnetische Flussdichte" $\vec{B}$ genannt. Allerdings bilden diese magnetischen Feldlinien immer geschlossene Schleifen – im Gegensatz zu den elektrischen Feldlinien, die ihren Anfang und ihr Ende stets auf den elektrischen Ladungen haben.

Wenn man nun eine Kompassnadel, die ohne weitere Einflüsse in Richtung Norden zeigt, in die Nähe eines stromdurchflossenen Leiters bringt, so richtet sich die Nadel nicht mehr nach Norden, sondern quer zum elektrischen Leiter aus (ebenda, S. 227). Dies zeigt, dass elektrischer Strom und Magnetismus zusammenhängen. Ein Strom umgibt sich stets mit kreisförmig-konzentrischen Magnetfeldlinien, die man mithilfe der „Rechten-Hand-Regel" beschreiben kann: „Strom in Richtung des Daumens, Feldlinien in Richtung der gekrümmten Finger" (ebenda, S. 228).

Die nachfolgende Abbildung visualisiert die magnetischen Feldlinien eines stromdurchflossenen Leiters, der Strom fließt in diesem Fall „in die Skizze hinein".

Abbildung 2: Feldlinienbild eines stromdurchflossenen Leiters

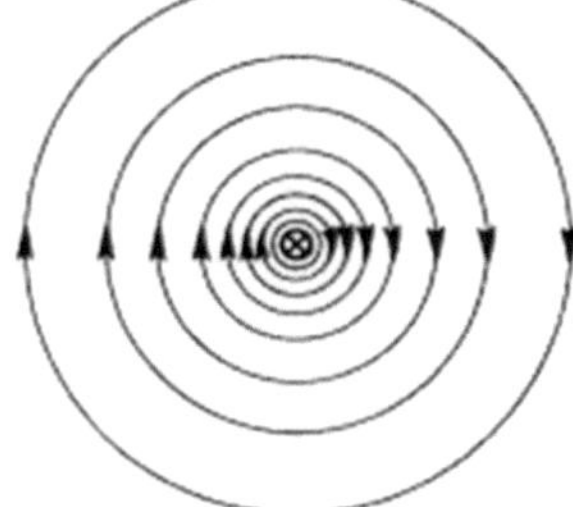

Quelle: Harriehausen & Schwarzenau, 2020, S. 220

Magnetismus hat seine Ursache zum einen in der Bewegung elektrischer Ladungen und zum anderen in der Eigenbewegung von Ladungen im Atomverband (Harriehausen & Schwarzenau, 2020, S. 218). Die Intensität des Magnetfeldes um einen elektrischen Leiter wird als magnetische Flussdichte beschrieben und berechnet sich aus den folgenden Komponenten (Harten, 2014, S. 231):

$$\vec{B} = \mu_0 \bullet \frac{I}{2 \bullet \pi \bullet r}, \text{ wobei}$$

$\vec{B}$ = magnetische Flussdichte, Einheit 1 T = 1 Tesla = $1 \frac{V \bullet s}{m^2}$

μ_0 = magnetische Feldkonstante = $1{,}256 \bullet 10^{-6}$ Vs/Am

I = Stromstärke, Einheit 1 A = 1 Ampere

r = Abstand zum Leiter, Einheit 1 m = 1 Meter

3 Erläuterung der technischen Induktion

Um den Zusammenhang zwischen elektrischer und magnetischer Feldkraft zu beschreiben, werden nachfolgend zwei Versuche beschrieben. Der erste Versuch beinhaltet einen sog. Hufeisenmagneten und einen elektrischen Leiterstab. Ein Hufeisenmagnet zeichnet sich durch ein homogenes Magnetfeld zwischen seinen Schenkeln aus:

Abbildung 3: magnetische Feldlinien an einem Hufeisenmagneten

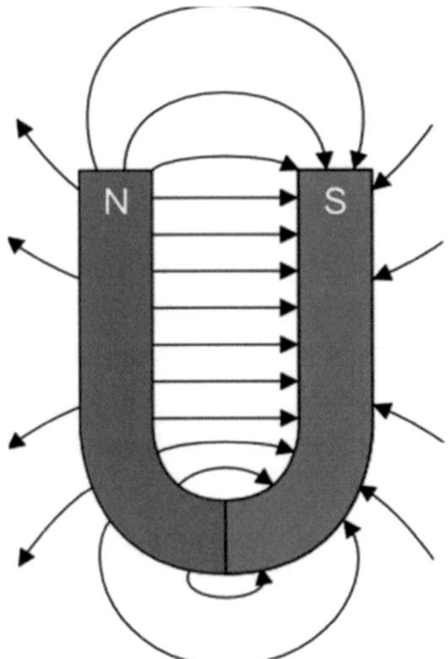

Quelle: Chizhik, A., 2014

Bringt man einen Leiterstab mit der Geschwindigkeit $\vec{v}$ quer zu den inneren magnetischen Feldlinien in das Magnetfeld hinein, so werden die Elektronen in eine Richtung gedrückt, es erfolgt also eine Ladungstrennung (Harten, 2014, S. 234). An einem Ende des Leiters existiert folglich ein Elektronenüberschuss (Minuspol), am anderen Ende des Leiters ein Elektronenmangel (Pluspol). Die Kraft, welche für die Ladungstrennung verantwortlich ist, nennt man Lorentzkraft (ebenda, S. 229).

Die Lorentzkraft $\vec{F}_L$ errechnet sich aus den bekannten Größen wie folgt (Harriehausen & Schwarzenau, 2020, S. 269):

$$\vec{F}_L = Q \bullet (\vec{v} \times \vec{B})$$

Durch die Verschiebung der Elektronen entsteht ein elektrisches Feld, welches die der Lorentzkraft entgegen gerichtete Coulombkraft $\vec{F}_C$ verursacht (ebenda). Die Elektronen werden so lange verschoben, bis sich die Lorentzkraft und die Coulombkraft ausgleichen und gilt: $\vec{F}_L = -\vec{F}_C$.

Die nachfolgende Abbildung 4 visualisiert dieses Prinzip.

Abbildung 4: quer zu den Magnetfeldlinien bewegter Leiterstab

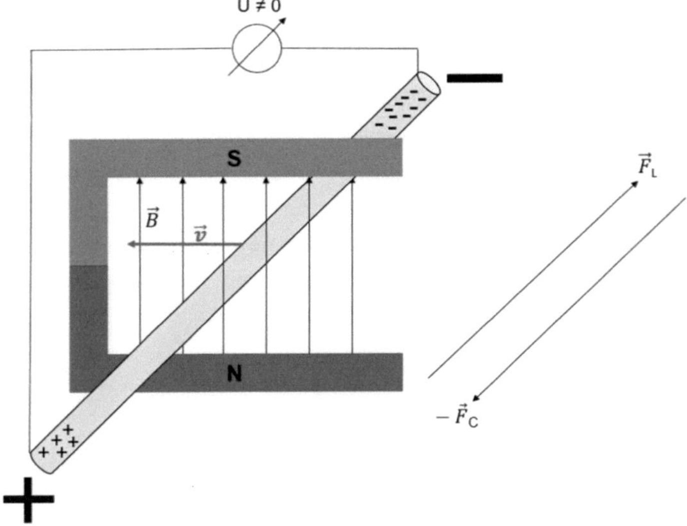

Quelle: eigene Darstellung in Anlehnung an Harriehausen & Schwarzenau, 2020, S. 269

Soll nun die induzierte Spannung aus diesem Gleichgewichtszustand der beiden entge-gengesetzten Kräfte ermittelt werden, so lässt sich diese aus dem Integral über die Lei-terlänge l herleiten (Harriehausen & Schwarzenau, 2020, S. 270).

$$U_{ind} = \int_1^2 \vec{E} \cdot d\vec{l} = \int_1^2 - (\vec{v} \times \vec{B}) \cdot d\vec{l},$$

wobei die Richtung der elektrischen Feldstärke vom höheren (1) zum niedrigeren elektri-schen Potenzial (2) zeigt. Es wird deutlich: Wenn v = 0 ist, ist auch die Induktionsspan-nung = 0, es wird eine Bewegung benötigt. Diese Bewegung mit der Geschwindigkeit $\vec{v}$ muss quer zu dem Magnetfeld $\vec{B}$ erfolgen – erfolgt die Bewegung parallel zum Magnet-feld, wird keine Spannung induziert. Dies hat den Grund, dass für die Entstehung einer induzierten Spannung ist die Änderung des magnetischen Flusses Φ maßgeblich ist. Während die magnetische Flussdichte $\vec{B}$ die Dichte der einzelnen Feldlinien zueinander beschreibt, steht der magnetische Fluss Φ für die Anzahl der Feldlinien, welche durch die Fläche des Leiters hindurch treten (Harten, 2014, S. 235).

Somit gilt:

$$\Phi = \vec{B} \cdot \vec{A}$$

und 1 Φ = 1 Wb = 1 Weber = 1 T · m².

Die Abhängigkeit der Spannungserzeugung vom magnetischen Fluss führt zum Faraday'schen Induktionsgesetz (Harriehausen & Schwarzenau, 2020, S. 278):

$$U_{ind} = -\frac{d\Phi}{dt},$$

welches sinngemäß besagt:

Änderungen des magnetischen Flusses führen zu einem elektrischen Wirbelfeld und damit zu einer induzierten elektrischen Spannung!

Abbildung 5 beschreibt nun ein weiteres Szenario, in dem Spannung durch Bewegung eines Leiters induziert wird. Dreht man eine Leiterschleife in einem Magnetfeld, so wird eine Wechselspannung induziert. Bei einer solchen rotierenden Leiterschleife ist zu beachten, dass sich die induzierte Spannung periodisch ändert, da sich ja auch der Flächeninhalt der durch die magnetischen Feldlinien durchsetzten Fläche stetig ändert. Es gilt (Harten, 2014, S. 236):

$$U_{ind} = -\frac{d\Phi}{dt} = \omega \cdot \vec{B} \cdot \vec{A} \cdot \cos(\omega \cdot t)$$

Abbildung 5: rotierende Leiterschleife

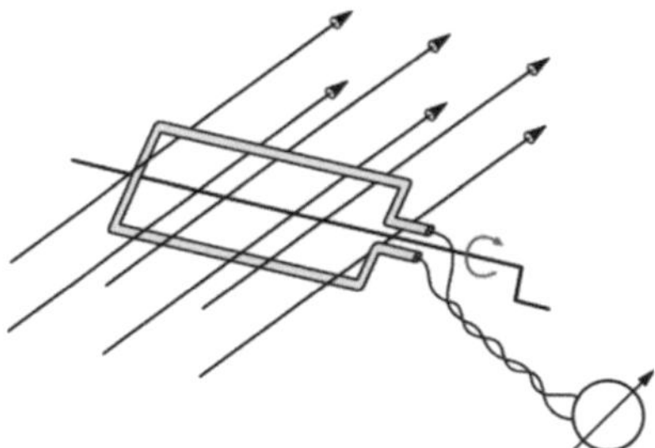

Quelle: Harten, 2014, S. 235

Eine Leiterschleife beschreibt mit einem einzigen Umlauf eine Fläche $\vec{A}$, durch welche die magnetischen Flusslinien hindurch treten und so den magnetischen Fluss Φ bestimmen. Diese Fläche lässt sich nun optimieren, indem man sie durch mehrere Umläufe beschreibt und die Leiterschleife zu einer Spule wickelt. Es ergibt sich dann der magnetische Spulenfluss Ψ, welcher als die Summe aller magnetischen Windungsflüsse Φ_v definiert ist (Harriehausen & Schwarzenau, 2020, S. 282):

$$\Psi = \sum_{v=1}^{N} \Phi_v$$

Werden in der Spule von allen Umläufen N die jeweils gleichen Flächeninhalte A eingeschlossen, so lässt sich $\Phi = \vec{B} \cdot \vec{A}$ für jede einzelne Windung zugrunde legen und es gilt (ebenda):

$$U_{ind} = -N \cdot \frac{d\Phi}{dt}$$

Beschreibt man das Induktionsgesetz mithilfe des Spulenflusses, so lautet es demnach:

$$U_{ind} = -\frac{d\Psi}{dt}$$

(Harriehausen & Schwarzenau, 2020, S. 282).

Durch Materie im inneren Magnetfeld einer Spule lässt sich die magnetische Flussdichte gezielt beeinflussen. So verstärken Ferromagnetika – also Eisenwerkstoffe – als Spulenkern die magnetische Flussdichte $\vec{B}$ erheblich. Dies liegt an einer ausgeprägten magnetischen Permeabilität – der Durchlässigkeit für die magnetische Flussdichte - des Werkstoffes. Die magnetische Flussdichte ist folglich dann besonders groß, wenn die magnetische Permeabilität ebenfalls besonders groß ist. Die relative magnetische Permeabilität μ_r eines Werkstoffes wird als Verhältnis der Flussdichte mit Eisenkern zu der Flussdichte ohne Eisenkern ausgedrückt (Harten, 2014, S. 233):

$$\mu_r = |\vec{B}| \, / \, |\vec{B}_0|$$

Ein weiterer Vorteil des Eisenkerns liegt darin, dass er die Feldlinien führt, indem diese – auch bei gebogenen Bauteilen – in seinem Inneren bleiben. Die nachfolgende Abbildung zeigt den typischen Aufbau eines Elektromagneten – es ist ersichtlich, dass sich dieser die beschriebenen Vorteile zunutze macht.

Abbildung 6: typischer Aufbau eines Elektromagneten

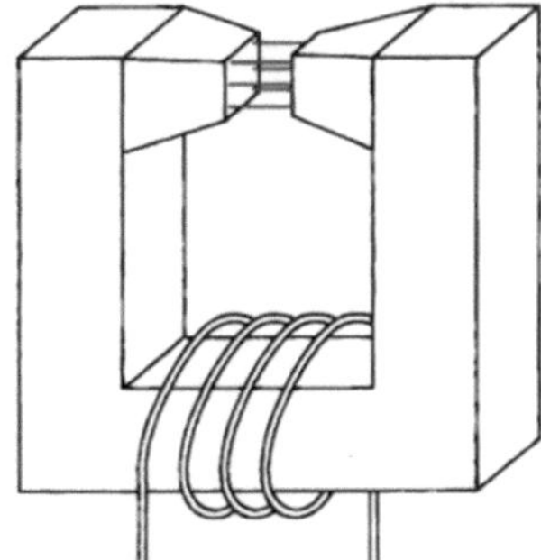

Quelle: Harten, 2014, S. 233

Die magnetischen Feldlinien verlaufen in diesem Beispiel weitgehend im ferromagnetischen Kern und werden über die U-Form zu den Polschuhen geführt, wo sie am Luftspalt austreten (ebenda).

Die magnetische Feldstärke $\vec{H}$ ist eine weitere, unabhängig von den Werkstoffeinflüssen und nur den Werkstoff beschreibende Größe. Im Falle einer mit dem Strom I durchflossenen Spule mit der Länge l hat sie den Betrag

$$\vec{H} = \frac{N \cdot |I|}{l},$$

wobei das Produkt N • I auch Amperewindungszahl oder magnetische Durchflutung Θ genannt wird.

Mittels Transformatoren lassen sich Spannungen gezielt regeln, indem man zwei Spulen – eine windungsreiche Primärspule und eine windungsarme Sekundärspule – in das gleiche Magnetfeld bringt. Möchte man z.B. sein Smartphone aufladen, so liefert die Steckdose erst einmal nur eine Spannung von 230 V, ein handelsübliches Smartphone dürfte aber vermutlich mit nicht mehr als 5 V aufgeladen werden. Hierzu ist im Gerät ein Transformator verbaut, der aus einer Primärspule und einer Sekundärspule besteht, beide Spulen sind auf einen Eisenkern gewickelt. Fließt nun durch die Primärspule aufgrund der Spannung $U_{primär}$ ein elektrischer Strom $I_{primär}$, induziert dieser ein Magnetfeld, welches die Sekundärspule aufnimmt und wiederum in die elektrische Spannung $U_{sekundär}$ und den elektrischen Strom $I_{sekundär}$ umwandelt. Hierbei verhalten sich die Spannungen $U_{primär}$ und $U_{sekundär}$ proportional zu der Anzahl der Windungen $N_{primär}$ und $N_{sekundär}$ (Harten, 2014, S. 237).

Es gilt:

$$\frac{U\ primär}{U\ sekundär} = \frac{N\ primär}{N\ sekundär}$$

Ändert sich der Strom in einer Spule, z.B. durch Ausschalten des Stromkreises, so wird ebenfalls Spannung induziert, denn auch hier gilt das Induktionsgesetz:

$$U_{ind} = -\frac{d\Phi}{dt}$$

Die Folge ist eine Änderung des magnetischen Flusses und eine induzierte Spannung. Diese Vorgang bezeichnet man als Selbstinduktion und die auf diesem Wege induzierte Spannung als Selbstinduktionsspannung (Harriehausen & Schwarzenau, 2020, S. 283). Die Lenz'sche Regel besagt, dass jede von einer Zustandsänderung verursachte Induktionsspannung stets so gerichtet ist, dass sie ihrer Ursache entgegenwirkt (Harriehausen & Schwarzenau, 2020, S. 284). Im Falle des Ausschaltens wirkt die Selbstinduktionsspannung also dem Ausschalten des Stroms – zumindest temporär - entgegen und der Abfall des Stroms I verläuft in einer degressiven Kurve. Da auch das Einschalten eines Stroms eine Zustandsänderung ist, verläuft hier der gleiche Mechanismus umgekehrt – die Zunahme des Stroms I verläuft nach schlagartigen Einschalten ebenfalls degressiv, da die Selbstinduktionsspannung dem eingeschalteten Strom entgegen wirkt – der Strom wird „träge" (Harten, 2014, S. 238).

Die Selbstinduktivität (oder kurz: Induktivität) L einer Spule ergibt sich aus dem Verhältnis ihres magnetischen Spulenflusses Ψ und dem Strom I, der diesen erzeugt, es gilt:

$$L = \frac{\Psi\ (I)}{I}$$

Die Einheit der Induktivität ist somit

$$[L] = 1\ \text{Henry} = 1\ H = 1\ \frac{Vs}{A}$$

(Harriehausen & Schwarzenau, 2020, S. 286).

4 Praxisbeispiele

4.1 Induktionsherde

Bei einem Induktionsherd wird einem Metalltopf Wärme mithilfe einer elektromagnetischen Induktion zugeführt. Hierzu sind unter den Kochfeldern scheibenförmige Kupfer-
spulen verbaut, die mit Wechselstrom mit einer Frequenz von 20 kHz bis 100 kHz versorgt werden (Deutsche Physikalische Gesellschaft e.V., 2018). Die Spule erzeugt ein
Magnetfeld, welches mit der gleichen Frequenz des Wechselstroms - also 20.000 bis
100.000-mal pro Sekunde - seine Polarität ändert. Diese hochfrequente Änderung der
Polarität zwingt auch die Atome in einem ferromagnetischen Topfboden sich stetig neu
auszurichten – diese Bewegungsenergie wird in Wärme umgewandelt und erhitzt den
Topfboden. Gleichzeitig erzeugt das magnetische Wechselfeld eine elektrische Spannung mit in sich geschlossenen Feldlinien, die auch den Topfboden durchdringen und
auf die freien Elektronen dort eine Kraft ausüben und so Wirbelströme auslösen
(ebenda). Hierbei spielt der elektrische Widerstand des Materials eine große Rolle – je
höher dieser ist, desto mehr elektrische Energie kann in thermische Energie umgewandelt werden.

Die Lenz'sche Regel sorgt für eine weitere Steigerung der Wärmeleistung:

Die elektrischen Wirbelströme verursachen ihrerseits wieder ein Magnetfeld, welches
ihrer Ursache – dem hochfrequenten Magnetfeld - entgegen wirkt und dieses in die un-
tere Schicht des Topfbodens verdrängt und dort konzentriert (ebenda).

Abbildung 7: Aufbau eines Induktionsherdes

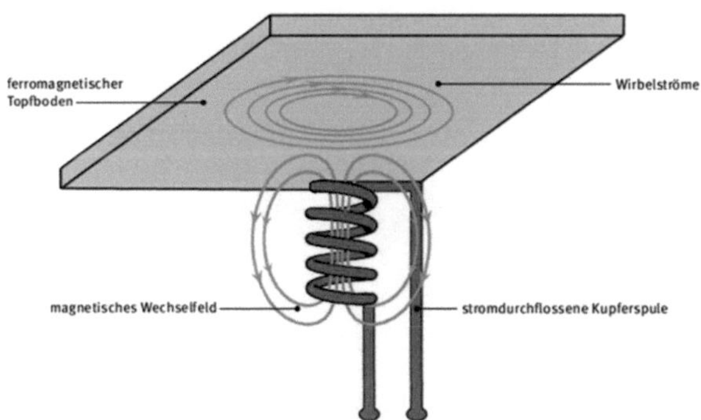

Quelle: Deutsche Physikalische Gesellschaft e.V., 2018

Im Vergleich zum Induktionsherd werden Halogenkochfelder durch eine Heizspirale erhitzt, welche kurzwellige Infrarotstrahlen aussenden, welche auf dem Topfboden treffen
und diesen erwärmen (Gehrke & Köberle, 2016, S. 217).

Herkömmliche Massekochplatten bestehen hingegen aus einem wärmeleitfähigen Gusseisen, in welche Heizleiter aus Chrom-Nickel-Draht eingebettet sind (HEA – Fachgemeinschaft für effiziente Energieanwendungen e.V.).

Die Vorteile des Induktionskochfeldes liegen zum einen in der Tatsache, dass sich das Kochfeld selbst nicht erwärmt, sondern nur der Topf und mit ihm sein Inhalt – so sind Verbrennungen durch versehentliches Berühren des Kochfeldes ausgeschlossen. Zum anderen ist der Energieverbrauch eines Induktionskochfeldes geringer. Als Nachteile des Induktionskochfeldes können die magnetischen Felder angeführt werden. Hersteller weisen zum Beispiel darauf hin, dass Personen mit Herzschrittmachern einen Mindestabstand zum Kochfeld einhalten sollten (Electrolux Hausgeräte GmbH, 2021).

4.2 Automatische Schranken

Bei der Regelung automatischer Schranken werden Induktionsschleifen zur Fahrzeugerkennung eingesetzt. Dabei werden mehrere Drahtwindungen in einer Schleife mit 2-6 Windungen in einem schmalen Schlitz im jeweiligen Untergrund verlegt (Stadlmayr, o.J.). Sobald diese Schleife mit Strom versorgt wird, entsteht ein magnetisches Feld. Bewegt sich nun eine metallische Masse – wie z.B. ein Fahrzeug – über dieses Magnetfeld, werden die Feldlinien und damit auch die Induktivität der Schleife verändert (ebenda). Ein Detektor erkennt nun die Änderung und kann gewünschte Folgeaktivitäten auslösen. Einsetzbar sind die Induktionsschleifen in diesem Zusammenhang zum einen als Sicherheitseinrichtung (Sicherheitsschleife): Fährt ein Fahrzeug in die Schleife ein, verhindert die Steuerung eine Schließung der Schranke, teilweise wird diese Funktion um einen Schließimpuls beim Verlassen der Schleife ergänzt, um die Offenhaltezeit möglichst kurz zu halten (Stadlmayr, o.J.). Eine weitere Anwendung ist das automatische Öffnen der Schranke bei Annäherung eines Fahrzeugs (Ausfahrtsschleife).

Abbildung 8: Induktionsschleifen an einer Schranke

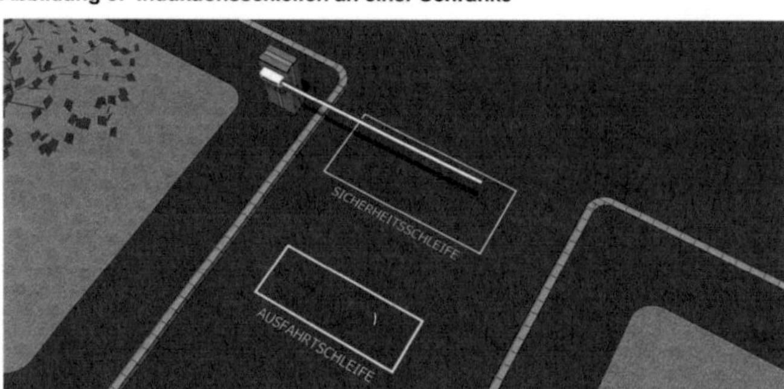

Quelle: Stadlmayr Verkehrssysteme, o.J.

Die Detektion von Verkehrsteilnehmern mittels Induktionsschleifen stößt jedoch bei einspurigen Fahrzeugen – wie z.B. Fahrräder oder Motorräder – an ihre Grenzen, da diese die Schleife nur punktuell abdecken und die hierdurch ausgelöste Frequenzänderung oftmals zu gering ist. So liegt die Änderung der Induktivität bei einem PKW bei 6%, bei einem LKW bei 1-2%, bei einem Motorrad bei ca. 0,1% und bei einem Fahrrad sogar nur bei ca. 0,02% (Joachim Herz Stiftung, 2021).

Alternativen zu Induktionsschleifen in diesem Bereich sind z.B. Ultraschall- oder optische Sensoren. Diese haben den Vorteil, dass sie auch nicht-metallische Körper und einspurige Fahrzeuge erkennen. Ultraschallsensoren erfassen Objekte mittels Schallimpulsen. Im Falle einer Schranke ließen sich zwei Ultraschallwandler gegenüberliegend auf einer Achse montieren, sobald ein Objekt dann die Schallausbreitung (auch „Schallkeule" genannt) unterbricht, wird der Sensor aktiviert (Pepperl+Fuchs, 2017, S. 22). Als Nachteil von Ultraschallsensoren ist die Abhängigkeit der Messgenauigkeit von der Temperatur anzusehen, hier ist ggf. ein zusätzlicher Temperaturfühler notwendig, der den Sensor - wenn notwendig – korrigiert (ebenda, S. 30). Andere Faktoren, welche auf eine Ultraschallmessung Einfluss nehmen können, wie z.B. die Luftfeuchte oder der Luftdruck, erscheinen für diese Anwendung eher vernachlässigbar. Optische Sensoren arbeiten ebenfalls nach dem Sender-Empfänger-Prinzip, der Sensor wird durch Unterbrechung des optischen Signals aktiviert (Pepperl+Fuchs, o.J., S. 1). Dieses optische Signal kann z.B. ein Infrarotlicht oder ein Laser sein. Nachteilig ist hier festzuhalten, dass diese – wie Ultraschallsensoren – stets zwei Sensoren mit entsprechend zwei Spannungsversorgungen benötigen – eine Induktionsschleife kommt hingegen mit einer Spannungsquelle aus.

5 Zusammenfassung

Diese Arbeit befasst sich mit einer Beschreibung des Prinzips der elektromagnetischen Induktion. Magnetismus ist ein Phänomen, welches die Menschen bereits seit dem Mittelalter begleitet, ohne den mit ihm einhergehenden Nutzen wäre unser technisiertes Leben heute so undenkbar.

Ähnlich wie bei der Gravitation gehen von elektrischen und magnetischen Feldern Kräfte aus, im Falle von Magnetismus und Elektrizität sind beide Phänomene sogar miteinander verbunden – so lässt sich sowohl durch Elektrizität Magnetismus erzeugen (z.B. im Falle eines Elektromagneten), als auch aus magnetischen Feldern Elektrizität gewinnen (z.B. im Falle eines Generators). Insbesondere die Gewinnung und Umwandlung von Elektrizität aus Magnetfeldern ist aus unserem heutigen Leben nicht mehr wegzudenken. Der auschlaggebende Baustein zum Generierung von Strom aus Magnetismus ist die Bewegung: Bringt man einen elektrischen Leiter in ein Magnetfeld und bewegt entweder den Leiter selbst oder das Magnetfeld, so ändert sich die von den magnetischen

Feldlinien durchsetzte Fläche. Hierdurch geraten die Elektronen im elektrischen Leiter in Bewegung und es wird Strom erzeugt.

Die zentrale Aussage des Induktionsgesetztes besagt sinngemäß:

Änderungen des magnetischen Flusses (dies ist die Anzahl der Feldlinien, welche durch die Fläche des elektrischen Leiters hindurch treten) führen zu einem elektrischen Wirbelfeld und damit zu einer induzierten elektrischen Spannung!

$$U_{ind} = - \frac{d\Phi}{dt}$$

Mittels Spulen lässt sich der magnetische Fluss gezielt optimieren, denn sie beschreiben *mit jeder ihrer Windungen* eine Fläche, durch welche die Magnetfeldlinien hindurchtreten und so Spannung induzieren können – man spricht in diesem Zusammenhang auch von der Induktivität einer Spule. Die *Induktivität L* wird der Einheit *Henry* gemessen, wobei 1 Henry = 1 H = 1 $\frac{Vs}{A}$.

Die Anwendungen für Induktionsspulen sind vielfältig: so werden zum Beispielen in Netzteilen und technischen Geräten, aber auch in Energieversorgungsanlagen Spulen zur Spannungswandlung eingesetzt, indem eine Eingangs- und eine Ausgansspule mit jeweils unterschiedlicher Windungsanzahl auf einen gemeinsamen ferromagnetischen Kern gewickelt werden. Die angelegte Spannung wird dann proportional zum Verhältnis der jeweiligen Windungsanzahl von Eingangs- zu Ausgangsspule übersetzt.

Die *Selbstinduktion* ergibt sich aus der sog. Lenz'schen Regel: *jede von einer Zustandsänderung verursachte Induktionsspannung stets so gerichtet ist, dass sie ihrer Ursache entgegenwirkt.*

So ist z.B. das Ausschalten des Stroms ist eine Zustandsänderung, welche eine Selbstinduktion verursacht, die Stromstärke fällt daher nicht schlagartig, sondern degressiv ab.

Zwei Beispiele für die elektromagnetische Induktion werden in dieser Arbeit näher betrachtet: das Induktionskochfeld und die Regelung einer automatischen Schranke mittels Induktion. Diese beiden sehr unterschiedlichen Beispiele sollen eine Idee darüber vermitteln, wie vielfältig die Anwendungen der elektromagnetischen Induktion heute sind Gleichzeitig sollen sie aber auch aufzeigen, dass diese keinesfalls „technologisch konkurrenzlos" ist. Beides kann aufgrund des reinen Umfangs dieser Arbeit allerdings nur in Ansätzen gelingen. Somit kann und soll diese Arbeit sich auf der Ebene der grundlegenden Beschreibungen der elektromagnetischen Induktion bewegen, welche den Leser im Idealfall in die Lage versetzt, diese selbst im Alltag weiter zu beobachten und bewerten zu können.

Literaturverzeichnis

Busch, R. (2015): Elektrotechnik und Elektronik.
Wiesbaden: Springer Fachmedien GmbH.

Chizhik, A. (2014): Magnetische Feldlinien.
https://lp.uni-goettingen.de/get/text/3791, abgerufen am 19.12.2021.

Deutsche Physikalische Gesellschaft e.V. (2018): Physik des Induktionsherdes.
https://www.weltderphysik.de/thema/hinter-den-dingen/physik-des-induktionsherdes/,
abgerufen am 25.12.2021.

Electrolux Hausgeräte GmbH (2021): Darf ich das Induktionskochfeld mit Herzschrittma-
cher betreiben?
https://www.aeg.de/support/support-articles/kochen/kochfelder/darf-ich-das-induktions-
kochfeld-mit-herzschrittmacher-betreiben/, abgerufen am 25.12.2021.

Gehrke, J. P. & Köberle, P. (2016): Physik im Studium: Ein Brückenkurs.
Berlin / Boston: Walter de Gruyter GmbH.

Harriehausen, T. & Schwarzenau, D. (2020): Grundlagen der Elektrotechnik.
Wiesbaden: Springer Fachmedien GmbH.

Harten, Ulrich (2014): Physik. Eine Einführung für Ingenieure und Naturwissenschaftler.
Berlin: Springer Verlag.

HEA – Fachgemeinschaft für effiziente Energieanwendung e.V. (o.J.): Elektrokochstel-
len: Aufbau und Funktion.
https://www.hea.de/fachwissen/kochfelder/elektrokochstellen-aufbau-und-funktion, abgerufen am 25.12.2021.

Joachim Herz Stiftung (2021): Induktionsschleifen im Straßenverkehr.
https://www.leifiphysik.de/elektrizitaetslehre/elektromagnetische-induktion/ausblick/in-
duktionsschleifen-im-strassenverkehr#:~:text=Die%20Induktions-
schleife%20dient%20als%20Signalgeber,Fahrtrichtung%20eines%20Fahrzeu-
ges%20zu%20erfassen, abgerufen am 27.12.2021.

Pepperl+Fuchs (o.J.): Aufbau und Funktionsprinzip optischer Sensoren.
https://files.pepperl-fuchs.com/webcat/navi/productInfo/doct/tdoct1797a_ger.pdf?v=23-
MAR-20, abgerufen am 28.12.2021.

Pepperl+Fuchs (2017): Technology Guide Ultraschallsensoren.
https://www.pepperl-fuchs.com/germany/de/36955.htm, abgerufen am 28.12.2021.

Stadlmayr Verkehrssysteme (o.J.): Induktionsschleifen für automatische Schranken.
https://www.stadlmayr.at/induktionsschleifen.html, abgerufen am 27.12.2021